Wilma Schaich

Perlen

Fädeln und weben

ENGLISCH VERLAG

Die Deutsche Bibliothek – CIP-Einheitsaufnahme
Perlen: Fädeln und weben / Wilma Schaich. – Wiesbaden: Englisch, 1997
ISBN 3-8241-0764-3

ISBN 3-8241-0764-3

Fotos: Susanna Héraucourt-Multer, Titelbild: Frank Schuppelius
Printed in Spain

Inhaltsverzeichnis

Vorwort

Rocailleperlen sind groß in Mode! Kein Wunder, denn sie sind sehr vielseitig.
Neben Schmuckstücken, wie Freundschaftsbändern und Ketten, können Sie auch hübsche kleine Figuren daraus herstellen, für die es unzählige Verwendungsmöglichkeiten gibt. Einzeln können Sie als Geschenkanhänger, Weihnachtsbaumschmuck aber auch zur Verzierung von Kleidungsstücken dienen. Mehrere kleine Figuren ergeben ein hübsches Mobile, über das sich besonders Kinder sehr freuen.
Dieses Buch habe ich in zwei Großkapitel aufgeteilt, in denen ich Ihnen erkläre, wie Sie Perlen weben und wie Sie Perlen zu Figuren auffädeln. Beides ist ganz einfach, versuchen Sie es doch mal. Aber bitte lesen Sie, bevor Sie anfangen, unbedingt die grundsätzlichen Arbeitshinweise durch, damit Ihr Werk auch bestimmt gelingt.
Und nun wünsche ich Ihnen viel Spaß mit Rocailleperlen und diesem Buch!

Wilma Schaich

Material und Werkzeug

Perlen
Perlen erhalten Sie in Hobbyfachgeschäften in allen Farben und Größen. Rocailles, besser bekannt als Indianer- und Strickperlen, sind rundlich. Walzenperlen oder Stiftperlen bestehen aus dünnem, röhrenförmigem Glas.

Faden
Für Auffädelarbeiten eignen sich Nylonfäden mit einem Durchmesser von 0,16 mm, 0,25 mm oder 0,4 mm am besten, weil sie fest und strapazierfähig sind.

Draht
Verwenden Sie einen Messingdraht mit einem Durchmesser von 0,3 mm.

Baumwollgarn
Baumwollgarn wird für Spannfäden (Kettfäden) verwendet.

Nadel
Sehr dünne Nadeln sind zum Durchziehen der Fäden unentbehrlich, wenn Sie mit Perlen weben oder nähen.

Zange
Mit einer Rundzange ziehen Sie den Draht fest und die Perlen rücken eng zusammen.

Seitenschneider
Zum Abschneiden des Drahtes benötigen Sie einen Seitenschneider.

Webrahmen
Webrahmen für Perlen gibt es im Hobbyfachgeschäft. Sie können ihn aber auch selber aus einem alten Bilderrahmen herstellen.

Grundsätzliches

Perlen weben

Zum Perlenweben benötigen Sie einen Perlenwebrahmen, den Sie entweder kaufen oder aus einem alten Bilderrahmen selbst bauen können. Außerdem benötigen Sie Baumwollgarn, Nylonfaden, eine Perlennadel und natürlich Perlen.

● Bespannen des Webrahmens

Jeder einzelne Kettfaden aus Baumwollgarn muss die Länge des fertigen Stückes haben + 45 cm. Die Anzahl der Kettfäden entspricht der Anzahl der Perlen pro Reihe + 1. Wenn Sie einen besonders stabilen Rand arbeiten möchten, verdoppeln Sie die Randfäden. Dann entspricht die Anzahl der Kettfäden der Anzahl der Perlen pro Reihe + 3. Verknoten Sie den Faden an der unteren Leiste und ziehen Sie ihn immer von unten nach oben, bis die Anzahl der oben liegenden Kettfäden stimmt.

Nach dem Weben schneiden Sie die unten liegenden Fäden durch und erhalten so den Überstand für den Abschluss des Bändchens. Diese Fäden können Sie dann in der gewünschten Länge flechten.

● Weben

Zum Weben verknoten Sie den Nylonfaden an einem der äußeren Kettfäden. Dann fädeln Sie die Perlen in der gewünschten Menge und Farbe auf die Nadel. Lassen Sie sie auf den

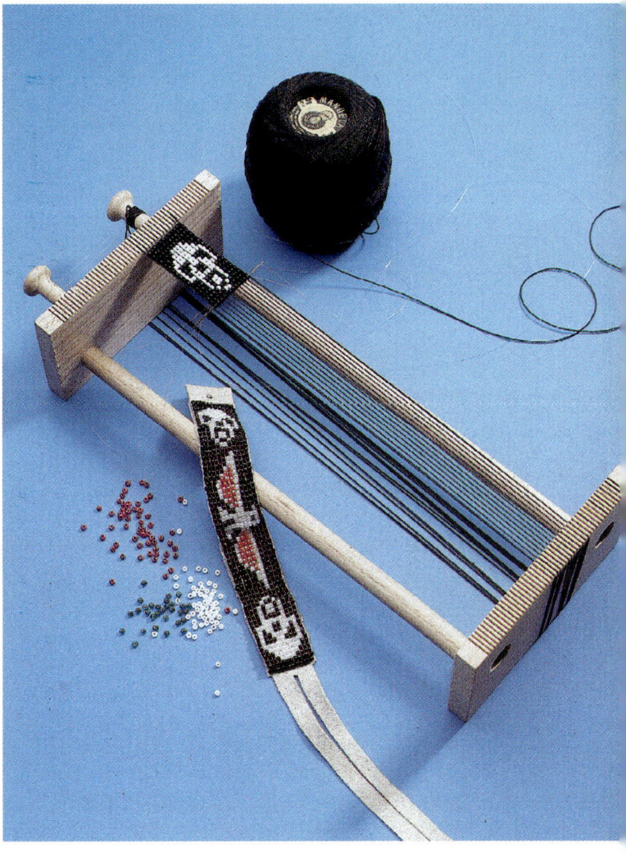

Faden gleiten und führen Sie die Nadel unter den Kettfäden hindurch. Drücken Sie mit dem Zeigefinger die ganze Perlenreihe durch die Kettfäden, sodass immer eine Perle mit einem Kettfaden abwechselt. Nun stechen Sie mit der Nadel zurück durch alle Perlen, und zwar über den Kettfäden. Straffen Sie dabei den Faden ein wenig.

Wiederholen Sie das Ganze, bis die gewünschte Musterfolge erreicht ist.

Beenden Sie Ihre Arbeit mit einem Knoten um einen der mittleren Kettfäden, aber lassen Sie ein wenig Faden hängen, der später mitgeflochten wird.

Fertigstellen

Sie können das fertig gewebte Band auf einen Lederstreifen kleben. Auf der einen Seite machen Sie mit der Lochzange ein Loch, auf der anderen Seite schneiden Sie das Band in der Mitte ein, sodass Sie es binden können.

Einfacher ist es, wenn Sie die Kettfäden flechten und das Geflochtene zum Zubinden des Bändchens verwenden.

Perlen fädeln

Hübsche Figuren können Sie ganz einfach aus Perlen und Draht herstellen. Ob Sie einen Schneemann, einen Hasen oder ein Krokodil anfertigen möchten, die Technik bleibt immer dieselbe. Die Musterzeichnungen, nach denen Sie arbeiten, finden Sie bei den einzelnen Motiven.
Fädeln Sie auf einen ausreichend langen Messingdraht mit einem Durchmesser von 0,3 mm in entsprechender Menge und Farbe Rocailleperlen auf. Schieben Sie die Perlen in die Mitte des Drahtes und legen Sie einen Bogen über die Rocailles, dann nehmen Sie auf ein Drahtende die Perlen für die nächste Reihe auf. Fädeln Sie das andere Drahtende gegengleich durch. Nach jeder gefädelten Reihe ziehen Sie den Draht fest an. In dieser Weise wird weitergearbeitet, bis das Motiv fertig ist. Den Draht vernähen Sie und schneiden ihn ab.

Tipp

Der Messingdraht sollte niemals eine Schlinge mit sich kreuzenden Drähten bilden, bevor er durch eine Perle gezogen wird. Diese Schlinge wird beim Durchziehen zur Knickstelle, die beim festen Anziehen des Drahtes leicht reißt. Drehen Sie deshalb große Schlingen gleich mit den Fingern auf.

Einfache Ketten

Material

- verschiedene Perlen in unteschiedlichen Formen und Größen
- 30–60 cm Nylonfaden (Ø 0,4 mm)

Anleitung

Am Anfang wird ein Doppelknoten geknüpft. Dann fädeln Sie die Perlen im Wechsel auf und knüpfen am Ende wieder einen festen Knoten.

Die Anfangs- und Endstücke werden verschmolzen, indem Sie die Fadenenden mit einer Kerze für kurze Zeit erhitzen und mit angefeuchtetem Finger prüfen, ob sie schon genügend fest miteinander verschmolzen sind.

Sie können entweder einen Verschluss befestigen und die Kette um den Hals tragen oder sie als Haarschmuck mit einer Haarklammer im Haar befestigen.

Band „Anna"

Material

- Perlenwebrahmen oder alter Bilderrahmen
- mintfarbenes Baumwollgarn
- Rocailleperlen in Mint, Gold, Pink und Tannengrün (Ø 1 mm)
- Nylonfaden (Ø 0,25 mm)
- Nadel

Anleitung

Das Band ist 13,5 cm lang und jede Reihe besteht aus 9 Perlen.
Spannen Sie 8 einzelne und 2-mal 2 Spannfäden für den Rand aus dem mintfarbenen Baumwollgarn. Dann weben Sie die Perlen nach der Musterzeichnung. Als Abschluss wird ein Zopf geflochten.

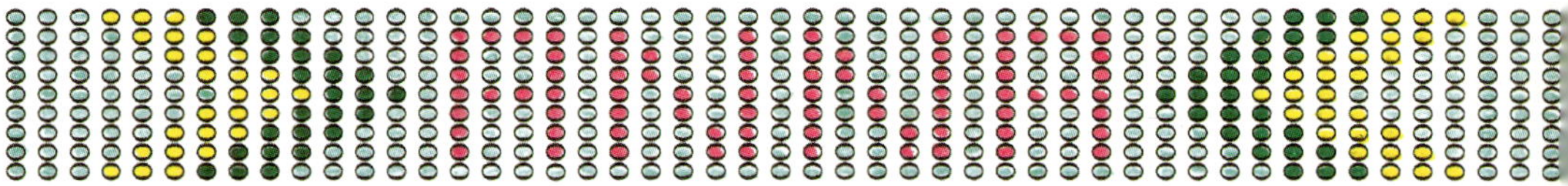

Tipp

Auf Seite 32 finden Sie ein Alphabet, mit dem Sie jeden Namen knüpfen können.

Indianerband

Material

- Perlenwebrahmen oder alter Bilderrahmen
- weißes Baumwollgarn
- Rocailleperlen in Weiß, Rot und Türkis (Ø 1 mm)
- Nylonfaden (Ø 0,25 mm)
- Nadel

Anleitung

Das Band ist 13 cm lang und jede Reihe besteht aus 9 Perlen.
Sie spannen 8 einzelne und 2-mal 2 Spannfäden für den Rand aus dem weißen Baumwollgarn. Dann weben Sie die Perlen nach der Musterzeichnung. Als Abschluss wird ein Zopf geflochten.

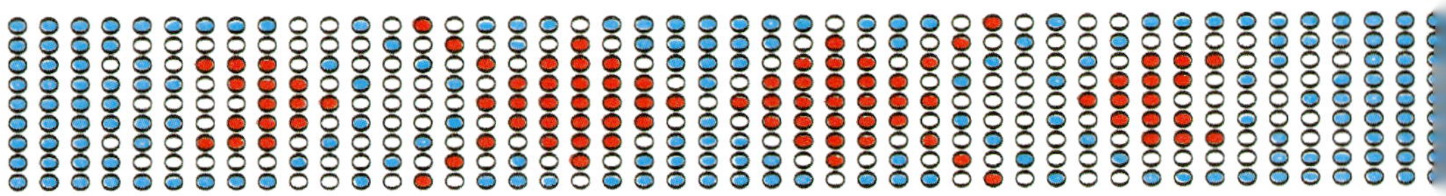

Weißes Band

Material
- Perlenwebrahmen oder alter Bilderrahmen
- weißes Baumwollgarn
- Rocailleperlen in Weiß, Türkis, Blau und Hellblau (Ø 1 mm)
- Nylonfaden (Ø 0,25 mm)
- Nadel

Anleitung
Das Band ist 14,5 cm lang und jede Reihe besteht aus 7 Perlen.
Spannen Sie 6 einzelne und 2-mal 2 Spannfäden für den Rand aus dem weißen Baumwollgarn. Dann weben Sie die Perlen nach der Musterzeichnung. Als Abschluss wird ein Zopf geflochten. (Abb. S. 9)

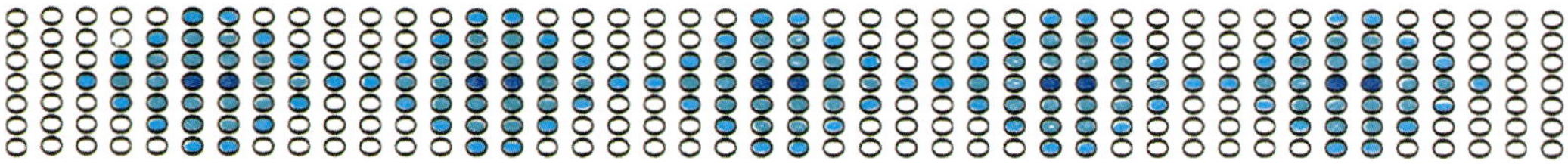

Band „Tamara"

Material
- Perlenwebrahmen oder alter Bilderrahmen
- rotes Baumwollgarn
- Rocailleperlen in Rot, Grün, Schwarz, Gold und Weiß (Ø 1 mm)
- Nylonfaden (Ø 0,25 mm)
- Nadel

Anleitung
Das Band ist 12,5 cm lang und jede Reihe besteht aus 9 Perlen.
Sie spannen 8 einzelne und 2-mal 2 Spannfäden für den Rand aus dem roten Baumwollgarn. Dann weben Sie die Perlen nach der Musterzeichnung. Als Abschluss wird ein Zopf geflochten.

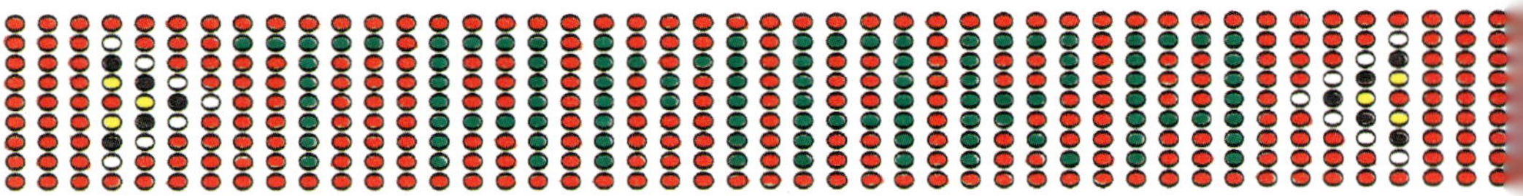

Tipp
Auf Seite 32 finden Sie ein Alphabet, mit dem Sie jeden Namen knüpfen können.

Band „Schiff"

Material

- Perlenwebrahmen oder alter Bilderrahmen
- schwarzes Baumwollgarn
- Rocailleperlen in Schwarz, Gelb, Orange, Rot, Weiß und Hellblau (Ø 1 mm)
- Nylonfaden (Ø 0,25 mm)
- Nadel

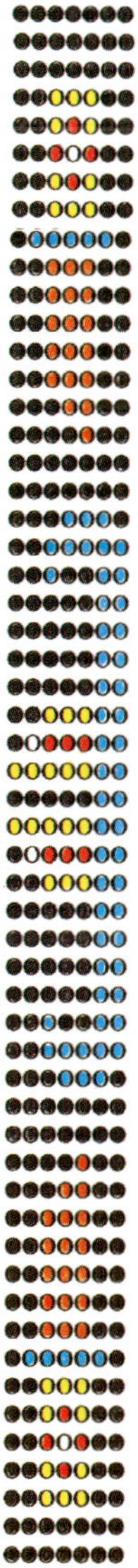

Anleitung

Das Band ist 14,5 cm lang und jede Reihe besteht aus 7 Perlen.

Spannen Sie 6 einzelne und 2-mal 2 Spannfäden für den Rand aus dem schwarzen Baumwollgarn. Dann weben Sie die Perlen nach der Musterzeichnung.

Als Abschluss wird ein Zopf geflochten.

Band „Pirat"

Material
- Perlenwebrahmen oder alter Bilderrahmen
- weißes Baumwollgarn
- Rocailleperlen in Schwarz, Rot, Grün und Weiß (Ø 1 mm)
- Nylonfaden (Ø 0,25 mm)
- Nadel
- Lederrest, ca. 30 cm lang
- Lochzange
- Klebstoff

Anleitung

Das Band ist 15 cm lang und jede Reihe besteht aus 12 Perlen.

Spannen Sie 11 einzelne und 2-mal 2 Spannfäden für den Rand aus dem weißen Baumwollgarn. Dann weben Sie die Perlen nach der Musterzeichnung.

Als Abschluss werden die Fäden verknotet und nach hinten gelegt. Kleben Sie das Perlenband auf den Lederstreifen auf, lassen Sie aber auf der einen Seite etwa 4 cm frei. Nun kleben Sie davon ca. 2 cm nach hinten um und stanzen mit der Lochzange ein Loch. Auf der anderen Seite wird das Leder in zwei Streifen geschnitten und zum Befestigen durch das Loch gezogen.

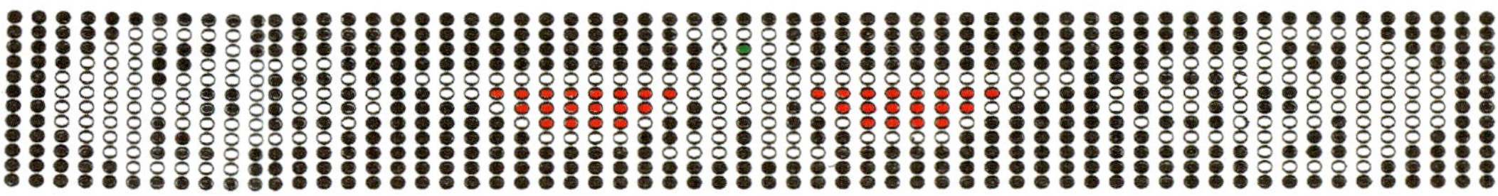

Haarspange „Pirat"

Material
- Perlenwebrahmen oder alter Bilderrahmen
- weißes Baumwollgarn
- Rocailleperlen in Rot, Schwarz, Weiß und Blau (Ø 1 mm)
- Nylonfaden (Ø 0,25 mm)
- Nadel
- Haarspange
- Klebstoff

Anleitung

Das Band ist 8,5 cm lang und jede Reihe besteht aus 9 Perlen.

Sie spannen 8 einzelne und 2-mal 2 Spannfäden für den Rand aus dem weißen Baumwollgarn. Dann weben Sie die Perlen nach der Musterzeichnung. Als Abschluss werden die Fäden verknotet und nach hinten gelegt. Dann können Sie das Band auf die Spange kleben.

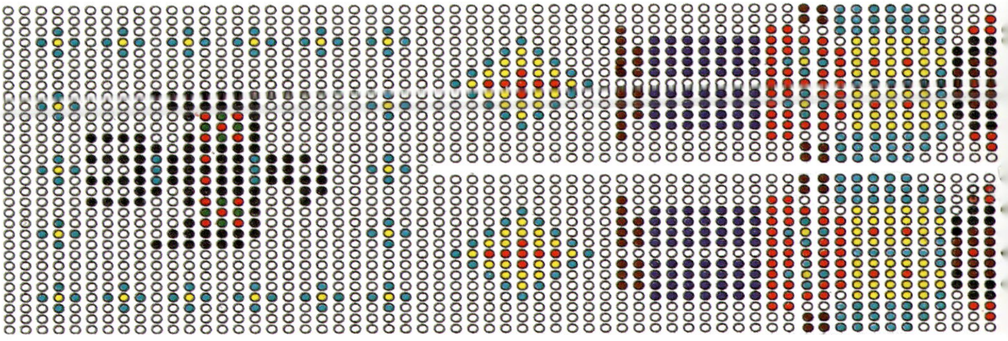

Indianeramulett

Material

- großer alter Bilderrahmen
- weißes Baumwollgarn
- Rocailleperlen in Weiß, Rot, Gelb, Blau, Schwarz, Grün, Braun und Lila (Ø 1 mm)
- goldene Perle
- Nylonfaden (Ø 0,25 mm)
- Nadel

Anleitung

Für dieses Amulett reicht ein gewöhnlicher Perlenwebrahmen nicht aus. Deshalb verwenden Sie am besten einen alten Bilderrahmen.
Die Kettfäden werden aufgespannt und die Enden miteinander verknotet. Sie benötigen 30 einzelne Kettfäden und 2-mal 2 Kettfäden für den Rand. Beginnen Sie von unten und arbeiten Sie 26 Reihen nach der Musterzeichnung. Dann werden die Kettfäden in der Mitte geteilt, sodass auf jeder Seite mit 15 Perlen pro Reihe gearbeitet werden kann (s. Musterzeichnung).

Zum Schluss werden die Kettfäden oben zusammengeflochten. Unten werden an jeder Seite 5 kleine Zöpfe geflochten. Dann bringen Sie unten für die Perlenfransen einen neuen Nylonfaden an und fädeln 15 weiße, 5 blaue, 5 weiße und eine blaue Perle auf. Der Faden wird durch die soeben aufgefädelten Perlen und durch 2–3 Perlen der 1. Reihe gezogen. Dann werden wieder 15 weiße, 5 blaue, 5 weiße und 1 blaue Perle aufgenommen. Sie wiederholen das ganze insgesamt 11-mal und verknoten den Nylonfaden am Schluss.

Genähtes Armband

Material
- weißes Baumwollgarn
- Rocailleperlen in Blau und Weiß (Ø 1 mm)
- Nadel
- Kettenverschluss

Anleitung
Das Armband besteht aus einem Ring von 9 Rocailleperlen, an die spiralförmig ein Gitterwerk aus Perlen gesetzt wird (s. Abb.). Damit der Arbeitsgang besser zu erkennen ist, wurden die Fäden nicht fest angezogen gezeichnet.

Am Schluss werden die Fäden verknotet und in einen Verschluss geklebt. Sie können aber auch auf einer Seite eine große Perle befestigen und auf der anderen Seite einen Ring aus Rocailleperlen auffädeln, durch den die große Perle gezogen wird.

Tipp
Natürlich kann das Band auch aus mehr als 9 Perlen bestehen. Sie müssen jedoch stets darauf achten, dass Sie mit einer ungeraden Anzahl beginnen.

Sie fädeln 9 Perlen auf den Faden, ziehen den Faden durch Perle 1, nehmen Perle 10 auf, ziehen den Faden durch Perle 3, nehmen Perle 11 auf, usw. Wenn Sie in jeder Reihe 5 Perlen hinzufügen, entsteht langsam das gedrehte Band.

Nach ca. 6 cm beginnen Sie damit, die weißen Perlen einzuarbeiten. Das gemusterte Stück ist 4 cm lang. Dann folgt wieder ein einfarbig blaues Stück von 6 cm.

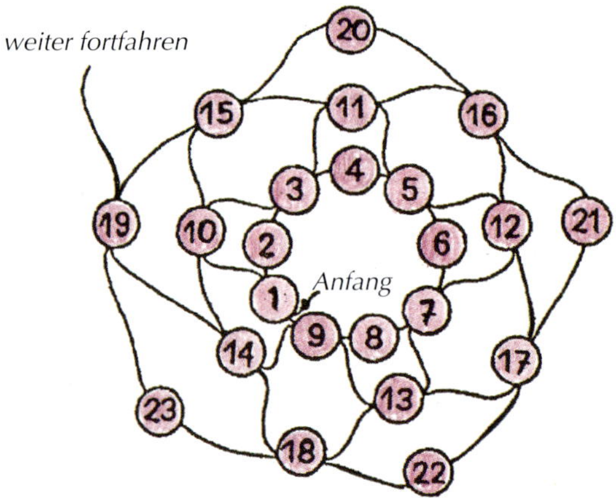

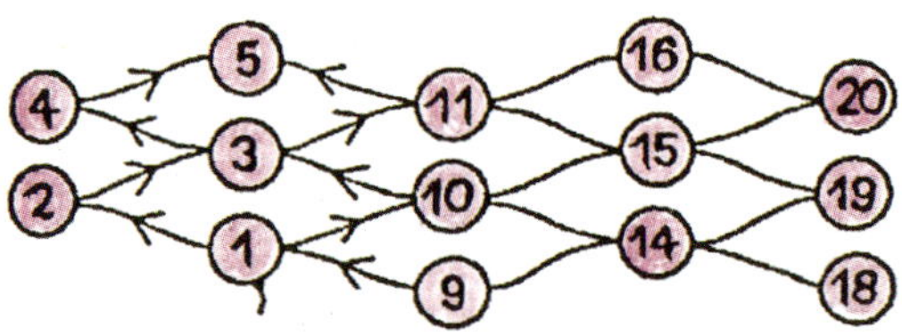

Seitliche Ansicht. Gitterartig wie ein eng anliegendes Netz

Figuren

Fische

Material

- 1 schwarze Rocailleperle (Ø 1 mm)
- 45 goldene oder blaue Rocailleperlen (Ø 1 mm)
- 70 orangefarbene oder hellblaue Rocailleperlen (Ø 1 mm)
- 50 cm Draht (Ø 0,3 mm)

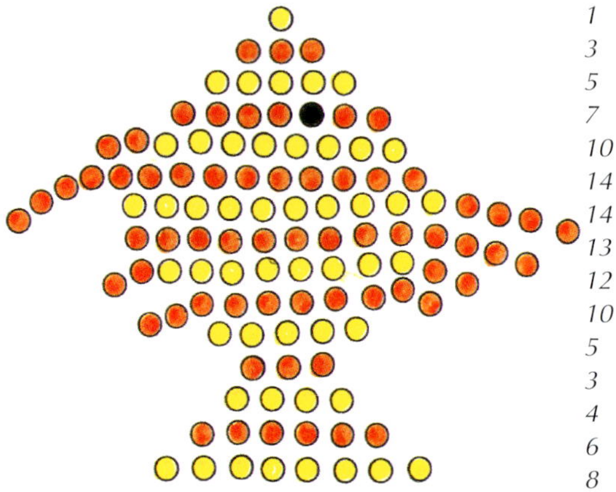

Anleitung

Diese Anleitung gilt für den orangefarbenen Fisch links im Bild. Die anderen beiden Fische werden genauso nur in anderen Farben gearbeitet. Beginnen Sie hinten und fädeln Sie 8

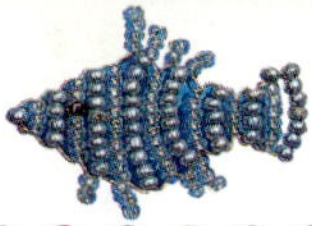

goldene Rocailleperlen auf. Schieben Sie die Perlen in die Mitte und ziehen Sie den Draht gegengleich durch. Dann nehmen Sie 6 orangefarbene Perlen auf, ziehen den Draht gegengleich durch, es folgen 4 goldene Perlen usw.

Die genaue Farbe, Anzahl und Reihenfolge der Perlen können Sie aus der Zeichnung ersehen. Für die Flossen fädeln Sie die entsprechenden Perlen auf, ziehen den Draht über die äußere Perle und durch die nachfolgenden Flossenperlen zurück und arbeiten wie aus der Zeichnung ersichtlich weiter.

Wenn Sie vorne am Maul angekommen sind, verdrehen Sie den Draht mit einer Zange und schneiden die Enden ab.

Gänse

Diese Gänse sind eine hübsche Osterdekoration, können aber auch gut an einem Geschenk als Anhänger befestigt werden.

Material

- 1 schwarze Rocailleperle (Ø 1 mm)
- 37 orangefarbene Rocailleperlen (Ø 1 mm)
- 40 rote Rocailleperlen (Ø 1 mm)
- 171 weiße Rocailleperlen (Ø 1 mm)
- 100 cm Draht (Ø 0,3 mm)
- 20 cm Draht (Ø 0,3 mm)

Anleitung

Beginnen Sie oben am Kopf und fädeln Sie 4 weiße Perlen auf den Draht auf, die Sie in die Mitte schieben. Dann werden 2 weiße, 1 schwarze und 3 weiße Perlen aufgenommen und das andere Drahtende gegengleich durchgezogen. In der nächsten Reihe werden 8 weiße Perlen aufgenommen und das andere Drahtende wieder gegengleich durchgefädelt.

Arbeiten Sie auf diese Weise den Körper der Gans. Die genaue Anzahl und Reihenfolge der Perlen können Sie der Zeichnung entnehmen. Wichtig ist, dass Sie immer das andere Drahtende gegengleich durchfädeln.

Für die Beine ziehen Sie den 20 cm langen Draht durch die 5 mittleren Perlen der letzten Reihe. Nun haben Sie 4 Drahtenden und können die Beine auf die oben beschriebene Weise nach der Zeichnung arbeiten.

Hasen

Material

- 6 schwarze Rocailleperlen (Ø 1 mm)
- 42 rote oder blaue Rocailleperlen (Ø 1 mm) für die Füße
- 77 weiße Rocailleperlen (Ø 1 mm)
- 104 braune Rocailleperlen (Ø 1 mm)
- 8 braune Stiftperlen (0,6 mm lang)
- 50 cm Draht (Ø 0,3 mm)
- 120 cm Draht (Ø 0,3 mm)

Anleitung

Beginnen Sie oben am Kopf und fädeln Sie 1 braune Perle, 2 Stiftperlen, 1 braune Perle, 2 Stiftperlen, 8 braune Perlen, 2 Stiftperlen, 1 braune Perle, 2 Stiftperlen und 1 braune Perle auf den 120 cm langen Draht auf. Schieben Sie sie in die Mitte und ziehen Sie die Drahtenden durch die jeweils 3. Perle der 8 mittleren Perlen, sodass die Ohren abstehen (s. Zeichnung S. 24). Dann arbeiten Sie nach der Zeichnung weiter: 8 braune Perlen auffädeln, das andere Drahtende gegengleich durchziehen, 9 braune Perlen auffädeln, das andere Drahtende gegengleich durchziehen, usw.

Für die Arme fädeln Sie an der entsprechenden Stelle (s. Zeichnung S. 24)

12 braune Perlen auf, bilden einen Bogen, fädeln den Draht nochmals durch die 1. Armperle und arbeiten dann den Körper ganz normal weiter.

Für die Beine fädeln Sie den 50 cm langen Draht durch die beiden mittleren Perlen der letzten Reihe. Jetzt haben Sie 4 Drahtenden und können wie oben beschrieben weiterarbeiten. Nehmen die Perlen entsprechend der Zeichnung auf.

Am Ende werden die Drahtenden miteinander verdreht und abgeschnitten.

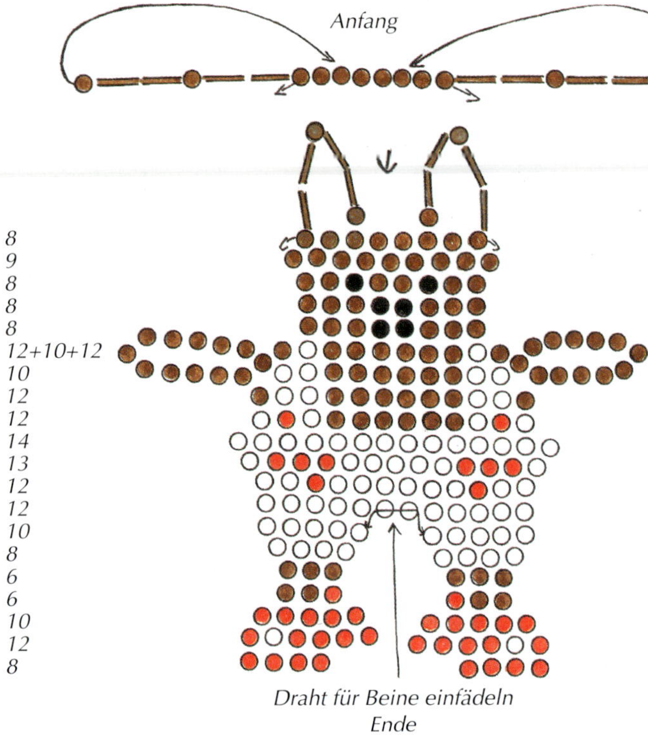

Tannenbäume

Material
- 1 goldene Rocailleperle (Ø 5 mm)
- 6 braune Rocailleperlen (Ø 1 mm)
- 6–9 goldene oder rote Rocailleperlen (Ø 1 mm)
- 24 schwarze Rocailleperlen (Ø 1 mm)
- 104 grüne Rocailleperlen (Ø 1 mm)

Anleitung

Diese Anleitung gilt für den mittleren Baum mit den goldenen Kugeln. Sie können die Kugeln natürlich auch in Rot oder einer anderen Farbe arbeiten und anders verteilen, wie ich es bei den anderen beiden Bäumen gemacht habe.

Beginnen Sie unten am Baum und fädeln Sie 8 schwarze Perlen auf. Schie-

ben Sie die Perlen in die Mitte und ziehen Sie das andere Drahtende gegengleich durch. Dann arbeiten Sie nach der Zeichnung weiter.

Zum Schluss nehmen Sie die 5-mm-Goldperle als Baumspitze auf, verdrehen den Draht und verwenden ihn als Aufhänger.

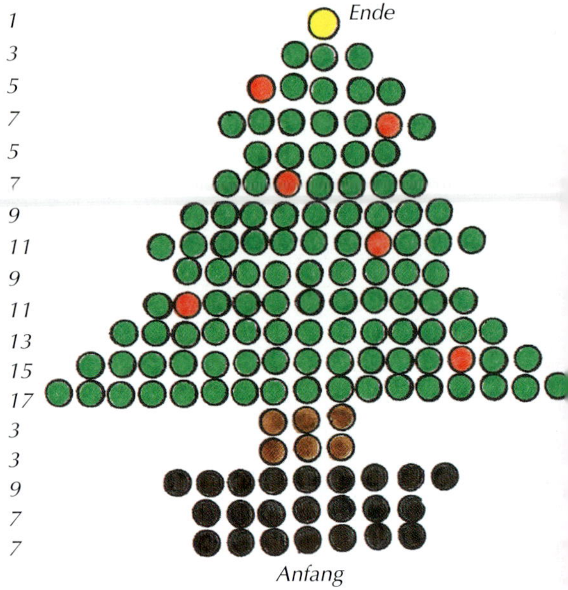

Glocken

Material

- 1 goldene Rocailleperle (Ø 5 mm)
- 108 goldene Rocailleperlen (Ø 1 mm)
- 50 cm Draht (Ø 0,3 mm)

Anleitung

Fädeln Sie zuerst 12 Perlen auf, die Sie in die Mitte schieben und aus denen Sie einen Kreis bilden, der in der Mitte mit einer Perle geschlossen wird. Fädeln Sie dann auf jedes Drahtende 2 Perlen auf.

Dann fädeln Sie auf ein Ende 6 Perlen auf und ziehen das andere Draht-

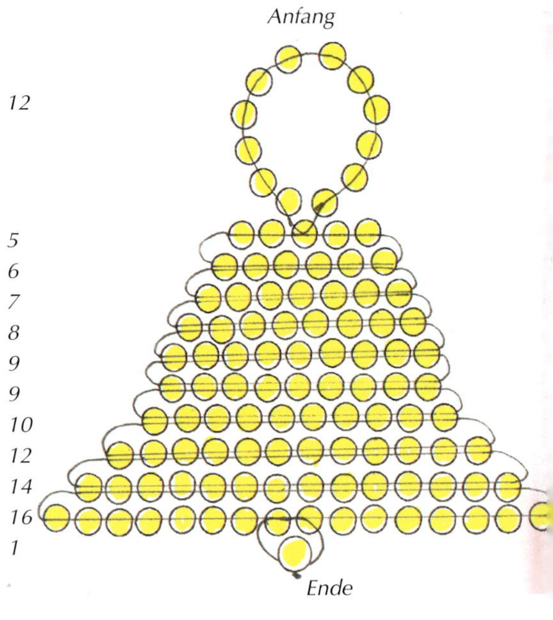

ende gegengleich durch. So arbeiten Sie nach der Zeichnung, bis die Glocke fertig ist.

Als letztes fädeln Sie die große Goldperle auf, verdrehen den Draht miteinander und schneiden die Enden ab.

Schmetterlinge

Material

- 2 Rocailleperlen (Ø 1 mm) für die Augen
- 45 Rocailleperlen (Ø 1 mm) für Körper und Flügel
- 26 Stiftperlen (0,6 mm lang) für die Flügel
- 50 cm Draht (Ø 0,3 mm)

Anleitung

Sie beginnen beim Schmetterling hinten. Zuerst wird 1 Perle aufgefädelt und in die Mitte geschoben. Dann werden 3 Perlen aufgenommen und das andere Drahtende wird gegengleich durch diese 3 Perlen gezogen. Arbeiten Sie auf diese Weise weiter.

Die Farben und die Reihenfolge der Perlen entnehmen Sie der Zeichnung. Beachten Sie, dass die Perlen für die Flügel nur auf einen Draht aufgezogen werden.

Zum Schluss verdrehen Sie den Draht und biegen die Fühler mit einer Rundzange in Form.

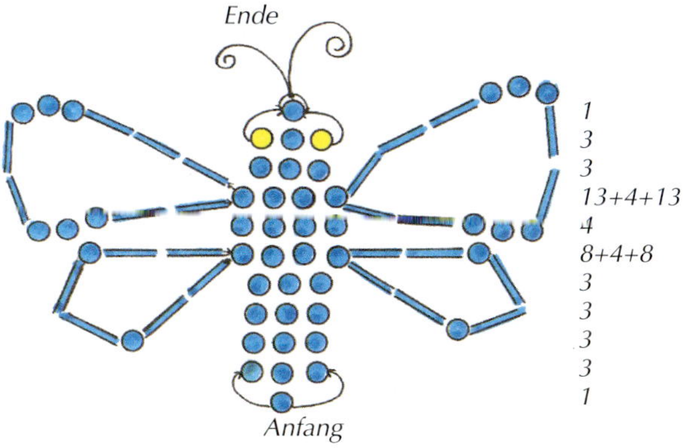

Spinnen

Material

- 2 Rocailleperlen (Ø 5 mm) für die Augen
- 72 Rocailleperlen (Ø 1 mm) für den Körper
- 16 Stiftperlen
- 60 cm Draht (Ø 0,3 mm)

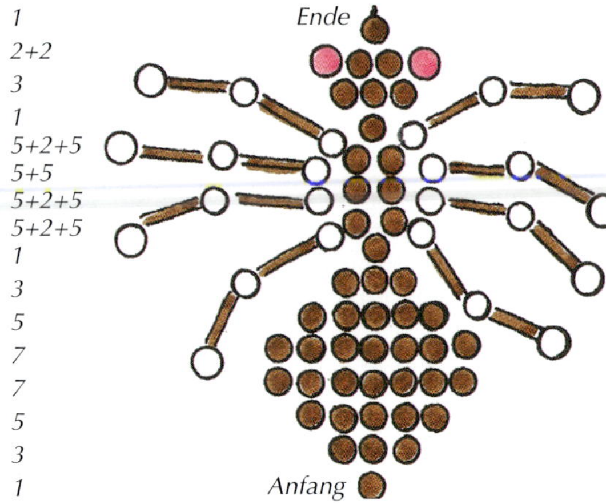

Anleitung

Diese Anleitung gilt für die braun-weiße Spinne rechts im Bild. Die anderen Spinnen haben z. T. kleine Variationen, wie Sie auf der Abbildung sehen können.

Beginnen Sie hinten und fädeln Sie 1 Perle auf, die Sie in die Mitte schieben. Dann werden 3 Perlen aufgenommen und das andere Drahtende gegengleich durchgezogen. Arbeiten Sie das Hinterteil in Reihen wie auf der Zeichnung zu sehen und fädeln Sie das andere Drahtende jeweils gegengleich durch.

Jetzt arbeiten Sie den Vorderkörper mit den Beinen. Nehmen Sie 2 Körperperlen auf, dann folgen 1 Perle, 1 Stiftperle, 1 Perle, 1 Stiftperle und 1 Perle. Ziehen Sie den Draht außen um die letzte Perle und durch die anderen Beinperlen durch. Das gegenüberliegende Bein arbeiten Sie genauso. Dann folgen wieder 2 Körperperlen und die beiden nächsten Beine. Wenn Sie alle 8 Beine gearbeitet haben, nehmen Sie 1 Körperperle auf und fädeln das andere Drahtende gegengleich durch. Es folgen 3 Körperperlen, bevor Sie die Augen arbeiten: 1 Augenperle, 2 Körperperlen, 1 Augenperle. Das andere Drahtende wird wieder gegengleich durchgezogen. Zuletzt fädeln Sie eine Körperperle auf, verdrehen die Drahtenden und biegen sie nach unten.

Krokodile

Bei diesen Krokodilen verwenden Sie statt Draht Nylonfaden. Ansonsten gehen Sie genau wie bei den anderen Tieren vor.

Material

- 6 schwarzmetallische Rocailleperlen (Ø 5 mm) für Füße und Augen
- 61 durchsichtige Rocailleperlen (Ø 1 mm) für den Bauch
- 82 grüne Rocailleperlen (Ø 1 mm) für den Rücken
- 120 cm Nylonfaden (Ø 0,25 mm)

Anleitung

Diese Beschreibung gilt für das grüne Krokodil in der Mitte. Die anderen Tiere werden im Prinzip genauso gearbeitet.

Beginnen Sie vorne und fädeln Sie eine durchsichtige Perle auf. Sie wird in die Mitte geschoben, dann folgen 2 grüne Perlen, der Faden wird gegengleich durchgezogen. Dann fädeln Sie 2 durchsichtige Perlen gegengleich auf, danach 3 grüne, 3 durchsichtige usw. Orientieren Sie sich an der Zeichnung.

Für die Beine werden je 4 grüne und 1 schwarzmetallische Perle aufgenommen, der Faden wird außen um die schwarze Perle und durch alle grünen Beinperlen zurückgezogen.

Für den Schwanz fädeln Sie 8 grüne Perlen gegengleich auf und verknoten die Fadenenden am Schluss.

Alphabet für Perlenbänder

(9 Perlen pro Reihe).
Zur besseren Übersicht habe ich die beiden äußeren Reihen, die aus den weißen Perlen bestehen, nicht mit aufgezeichnet.
Für eigene Entwürfe leere Perlenreihen.

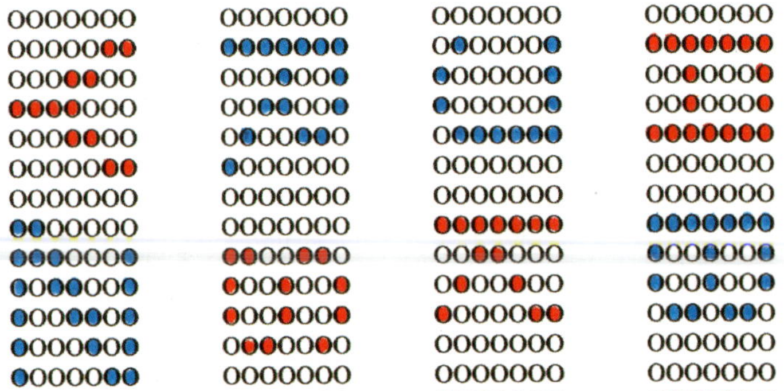

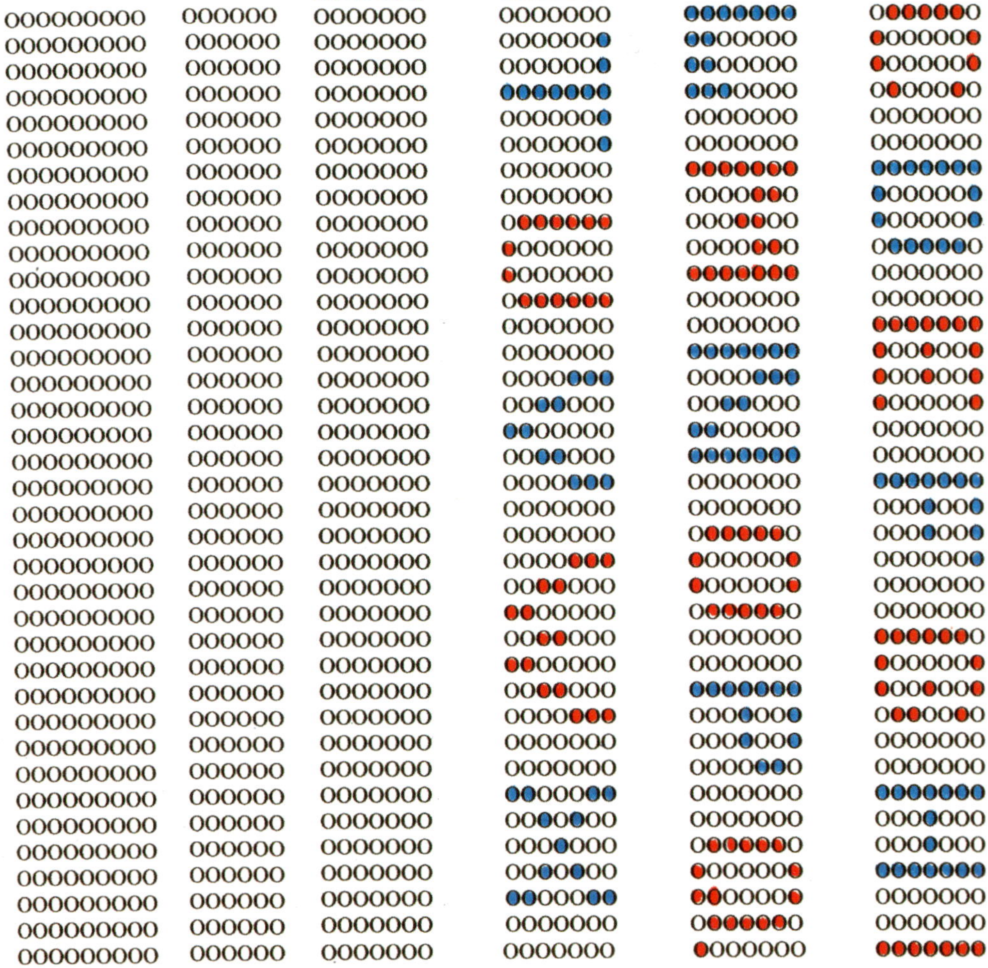